原種の花たち __ 2

青いケシ メコノプシス

BLUE POPPIES −MECONOPSIS
IN THE WILD

冨山　稔
著

株式会社
文一総合出版

メコノプシス・ガキディアナ Meconopsis gakydiana　インド北東部のアルナチャル・プラディッシュ州西部で撮影。新種として記載されて間もない大型の青いケシ。隣接したブータン東部のメラ・サクテン地方にも分布。

もくじ 青いケシ メコノプシス

※22ページ以下、学名の *Meconopsis*（メコノプシス）は省略。もくじページの後の数字はグレイ・ウィルソン（2014）で扱った種名の番号で、（　）のある番号はその後の変更のあった種を示す。

青いケシことはじめ

タデ科セイタカダイオウ
Rheun nobile

♦ 私の青いケシ

ヒマラヤを象徴する植物としてセイタカダイオウ（*Rheun nobile*）がある。寒冷な4,500m以上の岩礫地に温室植物として、他を睥睨してそそり立つ。そしてヒマラヤを象徴的するもうひとつの花が青いケシ（*Meconopsis*）だ。

日本でこの花が一躍世間の耳目を集めたのは1990年（平成2年）、大阪で開催された「花博」（国際花と緑の博覧会）であった。青いケシが展示されたブータン館には、「幻の青いケシ」を一目見ようと、日本中の花好きが長蛇の列をなした。以来、人々の憧れの花は、エーデルワイスから青いケシに変わったといってよい。なによりも青いケシは、透けるような青い色が人の心を誘う。また、ヒマラヤおよび中国南西部の空気の希薄な4,000m以上の高地に自生し、容易に人の目に触れないことも、山好き、花好きの人達にとって憧憬の的となった。

エーデルワイス
Leonthpodium alpinum
1999年6月2日 、ピレネー山脈ガバルニーで。

私が青いケシの存在を知ったのは1964年（昭和39年）の夏だった。東京オリンピックが開催された年である。ようやく大学に入ってほっとしたころでもあった。何かの宣伝広告か書評を見て、『青いけしの国』という本が出版されたことを知った。

私は幼いころから、いわゆる昆虫少年だった。酸素の薄いヒマラヤの高地には、日本のウスバキチョウやウスバシロチョウの近縁種が生息する。属名がパルナシウスとよばれるグループで、ヨーロッパに分布するアポロチョウも同じ近縁種である。ヒマラヤから中国の標高4,000m以上の高地に、圧倒的に分化した様々な種や亜種が分布している。これらのチョウを研究するためには、ヒマラヤの高地に行かなければならない。そのために日本鱗翅学会の6人の調査隊員が、「ヒマラヤ蝶蛾探検隊」を組織して行った調査旅行の紀行文が『青いけしの国』という書名で出版されたのだ。

巻頭のカラーグラビアにはヒマラヤヒメウスバシロチョウと並んで、青いケシ、種名は書かれていないが、明らかに、メコノプシス・ホリデュラ（*M. horridula*）の真っ青な花弁の青いケシが掲載されていた。ヒマラヤの高地の象徴として、「青いけし」が書名に使われたのであろう。ヒマラヤのチョウの象徴と花の象徴を対比させたのだ。それを見て、ヒマラヤにこのような美しい花があるのだと心に残ったものである。これが私と青いケシの最初の出会いだった。

日本鱗翅学会ヒマラヤ蝶蛾調査隊編『蝶のふるさとヒマラヤ　青いけしの国』(1964年、講談社)

　1988年（昭和63年）、私は所属していた会社から新規事業を起こすことを命ぜられ、自然を対象とする旅行企画を開始した。その第一弾が1988年7月8日からの中国・青海省の「青海湖バードウォッチングツアー」であった。このツアーが終わり、その足で、蘭州から西寧を経て、黄河源流からアムネマチン山域へ、新しいツアーのための調査に向かった。その途中、初めて4,000mを超える高山地帯を走っているとき、4WDの中でうとうと眠ってしまったが、ふと目を開けると、窓外にオオマツヨイグサが見えた。高山の影響か、しばらくボヤーとしていたが、眠気が覚め、このような場所にオオ

アポロチョウの仲間
Parnassius epaphus tsaidamensis
1997年7月、中国青海省アムネマチン山麓で。

マツヨイグサがあるはずはないと気がつき、慌てて車を止め花に近づいた。それは、青いケシの一種、メコノプシス・インテグリフォリア（*M. integrifolia*）だった。これが初めての青いケシとの遭遇となった。1988年7月22日のことである。

◆ 青いケシの歴史

　英国の有名なプラントハンター、キングドン・ウォードが1924-25年にかけて行ったチベット東部の植物探検の成果として、英国に持ち込んだ大量の青いケシの種子は、世界の園芸界にセンセーションをもたらした。この青いケシは、真っ青な大きな花弁をもち、花茎も高く、庭園の景色を一変させる。

　英国は冷涼な気候で、チベット東部に自生する青いケシが育つ。キングドン・ウォード以前にも英仏から中国に多くのプラントハンターが送り込まれ、青いケ

花博の青いケシ
M. baileyi
タイプロカリティのロンチ
ューで。

シをはじめ、未知の植物を求めて多くの探検が行われ、命さえ失う者がいた。その探検の中でもキングドン・ウォードの青いケシはまさにエポックメーキングであった。彼はこの時の探検の成果として、大量の青いケシの一種、メコノプシス・ベトニキフォリア（*Meconopsis betonicifolia*、のちにメコノプシス・バイレイ *M. baileyi*と種名が変更）の種子を英国に持ち込んだ。この種は、チベット東部の例外的に標高の低い3,000 〜 3,600mの地に自生する。はたしてこの種子は英国の気候に合い園芸化が容易で、花茎が高く、大きくて真っ青な花弁は大人気だった。かくて、この青いケシは「ヒマラヤの青いケシ」としての地位を獲得したのである。

1934年に英国の植物学者テイラーはそれまでのプラントハンターと研究者の成果を総括して、"An Account of the Genus *Meconopsis*"（メコノプシス属解説）を出版した。この本では世界の青いケシは41種類とされた。その後英国のグレイ・ウィルソンが2度の青いケシの研究書出版を経て、2014年に "The Genus *Meconopsis*：Blue Poppies and Their Relatives" を著したが、この本では青いケシの種数は、ほぼ2倍の79種に増えた。その要因は、交通が飛躍的に便利になったことにある。

青いケシの圧倒的な産地の中国は、日中戦争と第二次世界大戦で植物研究は思うに任せなかった。中国では日中戦争終了後も国民党と共産党の覇権争いに続き、大躍進政策や文化大革命などによる混乱、その後の中国国内の未開放区立ち入り禁止政策により、青いケシの産地に入域できなかった。しかし、30年ほど前から、少しずつ自由に立ち入ることができるようになり、航空路の驚異的な整備に加え、標高5,000mまでの峠道さえ道路が開通するようになったことにより、次第に青いケシの分布調査、研究が進んできた。

♦ 日本の青いケシ

ちょうどこの情勢と軌を一にして、日本では大阪「花博」の青いケシ人気以来、海外への花旅も少しずつ盛んになった。中国へのワイルドフラワーウォッチングの旅でも、一度でよいから青いケシを見たいと参加者は異口同音に言う。しだいに各旅行会社の青いケシを対象にしたツアーは増加してきた。

青いケシと一般的に呼ばれている花は、学名で「メコノプシス」といい、ケシ科に含まれる一群の花の総称で、青から紫色の花が大多数である。「メコノプシス」の中には青だけでなく、赤や黄、白、ピンクの花弁をもつ花もこのグループに含まれる。しかし、このグループの代表的な種の花の色が青なので、このグループ全体が「青いケシ」と呼ばれている。また、分類学的にまだ整理されていない種群で、同じ種とされているものでも、産地により、明らかに形態が異なることも多く、最近になって別種とされたケースもある。いわば、明らかになっていない部分がほどほど存在することが、植物愛好者の興味をひくことにもなっている。特に、青いケシは標高4,000m以上の高地に自生するので、ちょうどアポロチョウの仲間、パルナシウス属のチョウには中国・ヒマラヤを中心に様々な亜種や地方変異があるように、青いケシも同じ理由で分化を遂げているといえよう。これは、自生地である標高の高い場所が連続せず分断された状態で、産地が局地化し、結果的に種間の交流がないため、地方ごとに分化が起こっているのである。青いケシは鮮やかな色をした大型の花弁をもち、学者でなくとも、見た目に変化が見て取れることも、一般の興味をひく原因ではないだろうか。

　もっとも、青いケシの仲間は近年、分類があまりに微に入り細を穿ちすぎているという見方もないではない。しかし冷静に考えると、世界の植物分類研究で、青いケシほど分布調査が進み、その結果の分類研究が進んだ種群もないように思える。青いケシが分布する地域はネパール、インド、ブータン、中国の標高の高い地域で実に広大だが、ここ十数年に調査に入った人の延べ人数は驚くべき数に達する。その結果の集積が、現在の青いケシブームの基礎になっているのである。

メコノプシス・プニケア
M. punicea

四川省川主寺で。

　ところが青いケシに関する日本語のまとまった文献は東京大学教授大場秀章博士（現在は名誉教授）が著した、『ヒマラヤの青いケシ』（山と溪谷社、2006年）だけで、その後の分類研究で種類が大幅に増えたにもかかわらず、新刊がない。英文のグレイ・ウィルソン（2014）出版の後ですら、青いケシの新種が記載されているので、できるだけ早急に最近の知見に基づいたグラフィックの青いケシ出版物が望まれていた。これまでに筆者が撮影した青いケシの種類数は47種になり、種、亜種、変種を含め、本書で新しい青いケシのアウトラインを示すことを目的とした。

過去約20年間の青いケシ研究の進展

2000年

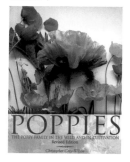

　2000年にグレイ・ウィルソンが著した "Poppies, A Guide to the Poppy Family in the Wild and in Cultivation"（改訂版）には47種類の青いケシが含まれている。発行後、以下の新種、新亜種などが新たに記載された。これらの種には、すでに採集されていたが他の種に紛れていたり、何かの事情で無視されていたが、研究の結果、新たに認識された種や、他の種から分離され、独立種として記載された種、さらに新たに発見された種などが含まれる。

2002年
Meconopsis sinomaculata
　"A New Blue Poppy from Western China" The Plantsman, n.s. DECEMBER 2002

2006年
Meconopsis tibetica
　"A New Meconopsis from Tibet" The Alpine Gardener JUNE 2006

Meconopsis henrici var. *racemiflora*
『ヒマラヤの青いケシ』山と渓谷社　2006年2月

Meconopsis ganeshensis
Meconopsis staintonii
Meconopsis wilsonii (subsp. *wilsonii* 及び subsp. *australis*)
Meconopsis chankheliensis
"The True Identity of *Meconopsis napaulensis* DC." Curtis' Botanical Magazine 23 (2)

Meconopsis psilonomma var. *sinomaculata*, comb. et stat. nov.
 "Recent Collection of the Sino-Himalayan *Meconopsis*", 植物研究雑誌 81 2006

2009年
Meconopsis baileyi （いったん消えた名前が再検討の結果、回復した）
 "Bailey's Blue Poppy restored" The Alpine Gardener JUNE 2009

Meconopsis bijiangensis
Meconopsis castanea （後に *M. georgei* に包含された）
 "Two New species of *Meconopsis* (Papaveraceae) from Southern Biluo Xueshan, Yunnan, China" 植物研究雑誌 第84巻5号 2009年10月

2010年
Meconopsis grandis subsp. *orientalis*
Meconopsis grandis subsp. *jumlaensis*
 "*Meconopsis grandis*―The True Himalayan Blue Poppy" Sibbaldia 8

Meconopsis pulchella
Meconopsis heterandra
 "New Species of *Meconopsis* (Papaveraceae) from Mianning, Southwestern Sichuan, China" 雲南植物研究 2010, 32

2011年
Meconopsis autumnalis
Meconopsis manasluensis
 "*Meconopsis autumnalis* and *M. manasluensis* (Papaveraceae), two new species of Himalayan poppy endemic to central Nepal with sympatric congeners" Pytotaxa 20

Meconopsis balangensis
Meconopsis balangensis var. *atrata*
 "New species of *Meconopsis* (Papaveraceae) from Balang Shan, Western Sichuan, China" 植物分類与資源学報 2011, 33

2012年
Meconopsis bulbilifera
Meconopsis exilis
Meconopsis lamjungensis
"A Revision of *Meconopsis lyrate* (Commins & Prain) Fedde ex Prain and its Allies" Curtis's Botanical Magazine 29 (2)

Meconopsis bhutanica
"A New Species of Blue Poppy" New Plantsman. 11

Meconopsis muscicola
Meconopsis yaoshanensis
"New species of *Meconopsis* (Papaveraceae) from Laojun Shan and Yao Shan, Northern Yunnan, China" 植物分類与資源学報 2012, 34

2014年

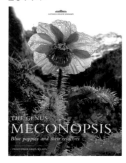

以上の通り、グレイ・ウィルソン（2000）の著作から14年の間に、新しい分類群が25も提起されたことになる。

これらを受けて、2014年11月、同じグレイ・ウィルソンにより、新しい学術上の新記載などの大部分を包含した新しいモノグラフ、"The Genus *Meconopsis, Blue Poppies and their ralatives*" が出版された。ここには、グレイ・ウィルソンによる新種や新亜種なども記載され、青いケシ（*Meconopsis*）は合計79種になる。また別に *Meconopsis cambrica* は新たに創設された属 *Parameconopsis cambrica* として付記された。

さらに以降も青いケシの新種記載があり、これまでに発表されているものは以下の通り。

2016年
Meconopsis elongata
"A new species of *Meconopsis*" The Plantsman. SEPT, 2016

Meconopsis gakyidiana
Meconopsis merakensis
Meconopsis merakensis var. *albolutea*
"Dancing Butterflies of the East Himalayas — New *Meconopsis* Species from East Bhutan, Arunachal Pradesh and South Tibet" Sibbaldia 14

2017年
Meconopsis psilonomma var. *zhaganaensis*
Meconopsis psilonomma var. *calcicola*
"*Meconopsis lepida* and *M. psilonomma (Papaveraceae)* rediscovered and revised" Harvard papers in Botany Vol 22 No. 2

2018年
Meconopsis huanglongensis
Meconopsis inaperta
Meconopsis hispida
Meconopsis trichogyna
"Plants related to *Meconopsis psilonomma (Papaveraceae)* in Northern Sichuan and Southeastern Qinghai, China" Harvard papers in Botany Vol 23 No. 2

　これらの新分類が、将来どの程度支持されるかどうかは今後の分類研究をまつことになるが、青いケシに対する旺盛な調査研究はこれからも続くものと思われる。現に、青いケシ (*Meconopsis*) 属全体をヒナゲシ (*Papaver*) 属に含めるべきとの学説もすでに発表されている ("PLANT GATEWAY'S : THE GLOBAL FLORA. A practical flora to vascular plant species of the world. GLOVAP Nomenclature Part 1", February 2018)。

　以上の通り、青いケシ (*Meconopsis*) は世界の研究者を巻き込んだ植物であることのあかしであろう。

　本書ではグレイ・ウィルソンの新しいモノグラフ "The Genus *Meconopsis*, Blue Poppies and their ralatives" 2014 に沿って各種の説明をする。

ケシ科の中の青いケシ（*Meconopsis*）

　ケシ科（Papaveraceae）には多くの属があって、その中のひとつのグループが青いケシ、*Meconopsis*である。ケシ科は世界で約43属、約820種とされているが、もっともよく知られているものは、ヒナゲシ（*Papaver*）と青いケシ（*Meconopsis*）であろう。

◆ ケシ科植物の特徴

　ヒナゲシの仲間は地中海沿岸地方やヨーロッパ各地をはじめ、中央アジアに多く、真っ赤な花弁や黄色の花弁が多く、時として群生する（写真1）。印象派絵画の主要なモチーフとして、赤いヒナゲシの花の光景をよく目にする。クロード・モネの「ヒナゲシ」の絵はとくに有名で、典型的な赤いヒナゲシの光景を描いている。日本では唯一リシリヒナゲシが自生する。花の形が青いケシとよく似ている。よく「青いケシは麻薬で知られるケシとどう違う」と問われるが、青いケシの仲間は麻

1.　　　　　　　　　　　　　　　　　　　　　　　　　　　　　　　2.

1.　ヒナゲシ*Papaver rhoeas*、フランス コルシカ島バスティア、2015年5月9日撮影
2.　ロエメリア・レフラクタ*Roemeria refracta*、カザフスタン ジャバグリ村、1999年5月9日撮影

薬成分をまったく含まない。ケシ科植物は雌しべの形の違いで分類されることが多い。ヒナゲシは雌しべの先端にヒトデのような盤状の柱頭がある。青いケシの仲間には基本的にはこれがない。ケシ科のほかのグループもこの雌しべの形が重要な区別点になる（写真1-4の丸写真）。

　中央アジアでは真っ赤な群落の花を目にすることがある。遠目には地中海のヒナゲシそっくりだが、花の雌しべにはこの盤状の柱頭がない。これは *Roemeria* のグループだ（写真2）。地中海沿岸地方でよく目にするケシ科の花にツノゲシ（*Glaucium*）の仲間がある（写真3）。この仲間は花が終わると、雌しべが長くなり、種によっては30cmに達する。北米西岸に有名なカリフォルニアポピー（写真4）もこの盤状の柱頭がない。

◆ 青いケシの生育環境

　ケシ科の花は世界に広く分布するが、青いケシの仲間は、ヒマラヤから中国南西部の標高3,000m以上の高地に限って自生し、多くの種類は標高4,000m以上に自生するものが普通だ。いわば典型的な高山植物と言ってよい。筆者

3.

4.

3.　ツノゲシの仲間 *Glaucium fluvum*、フランス　コルシカ島アジャクシオ、2015年5月11日撮影
4.　ハナビシソウ *Eschscholzia californica*、チリ　サン・ホセ・デ・マイポ、2001年12月23日撮影

は2017年に、チベットの標高4,500mの高地にツノゲシの1種、*Glaucium squamigerum* を見たことがあるが、これは青いケシ以外のケシ科としてはごく稀なケースである。ヒマラヤ、中国高地の4,000m以上の、青いケシが自生する典型的な環境は、岩礫地である。岩や小石が積み重なり、ほかの植物が生えることの難しい環境が多い（写真5、6）。

　もちろん標高がもっと低い場所にも青いケシは生える。たとえば、キングドン・ウォードが再発見したバイレイ *M. baileyi* はチベット南東部の標高約3,000mという比較的低い湿性の場所に自生する（写真7）。ここまで標高が低くないまでも、高山草原や灌木中にも青いケシは自生する（写真8）。標高4,000m以上が普通の自生環境となれば、当然空気の中の酸素も少なくなり、人によって、特に高い標高に慣れていない日本人は 高山病のため、苦しい思いをすることもある。

　青いケシの代表的な花弁の色は青色が多い。世界を見回しても、また日本でも青い花は少なく、しかも、青色は好む人が圧倒的に多く、嫌う人が少ないのも特徴であると言われる。青いケシは世界的に見ても、一番人気が高い色の花とされているようだ。しかも、分布は、世界でもヒマラヤや中国南西部に限られ、行くことの困難な高地で、見ることの難しい花のイメージが強く、ますます憧れの花となっていることが青いケシ人気に拍車をかけるのであろう。

5.

6.

5.　メコノプシス・シェリフィイ *Meconopsis sherriffii*、ブータン中北部 ルナナで。
6.　メコノプシス・ホリドュラ *M. horridula* subsp.*horridula*、中国青海省バヤンカラ山口で。

7.  8.

7.　メコノプシス・バイレイ *M. baileyi* 、チベット セチ・ラで。
8.　メコノプシス・インテグリフォリア・インテグリフォリア *M. integrifolia* subsp. *integrifolia*、
　　中国 青海省アムネマチン山麓で。

＊＊＊＊＊＊＊＊＊＊＊＊＊＊＊＊＊＊＊＊＊＊＊＊＊＊＊＊＊＊＊＊＊

♦ 日本で青いケシ（栽培）が見られるところ

大雪（だいせつ） 森のガーデン （6月下旬〜7月中旬開花、2種類）
〒078-1721　北海道上川郡上川町字菊水841番地8（大雪高原旭ヶ丘）Tel.01658-2-4655

国営滝野丘陵すずらん公園 （6月下旬開花、1種類）
〒005-0862　北海道札幌市南区滝野247番地　Tel.011-592-3333

白馬五竜高山植物園（はくばごりゅう） エスカルプラザ （6月下旬〜7月中旬開花、2種類）
〒399-9211　長野県北安曇郡白馬村神城22184-10　Tel.0261-75-2101

中村農園 （6月上旬〜7月上旬、3種類以上）
〒399-3501　長野県下伊那郡大鹿村鹿塩2153　Tel.0265-39-2372

上三依水生植物園（かみみより） （5月下旬〜6月中旬、1種類）
〒321-2802　栃木県日光市上三依682　Tel.0288-79-0377

井頭公園花ちょう遊館（いがしら か ゆうかん） （高山植物館） （通年開花調整、2種類）
〒321-4415　栃木県真岡市下籠谷99番地　Tel.0285-83-3121

東京都薬用植物園 （5月下旬〜6月初旬開花、1種類）
〒187-0033　東京都小平市中島町21-1　Tel.042-341-0344

箱根湿生花園 （4月下旬〜5月下旬、3種類）
〒250-0631　神奈川県足柄下郡箱根町仙石原817番地　Tel. 0460-84-7293

咲くやこの花館 （通年開花調整、2〜3種類）
〒538-0036　大阪市鶴見区緑地公園2-163　Tel.06-6912-0055

六甲高山植物園 （6月上旬、1種類）
〒657-0101　兵庫県神戸市灘区六甲山町北六甲4512-150　Tel.078-891-1247

風穴-上林 森林公園（かざあな かみはやし） （6〜7月、1種類）
〒791-0223　愛媛県東温市上林乙896番地24　Tel.089-964-2001

青いケシの分布域と撮影地

・紫の部分が青いケシ（メコノプシス・パラメコノプシス）の分布域
・●は本書に掲載した種の主な撮影地と主要都市

チベット自治区

● ロータンパス

ラサ ● ・ ミ・ラ峠

ランタン谷

ネパール ● カンシュンバレー

● ニューデリー エベレスト ハ パロ

カトマンズ ガントク ● ● ティンプー

パラメコノプシス・カンブリカ セレ・ラ ブータン
Parameconopsis cambrica の分布域

インド バングラ
ディッシュ

アイルランド

イギリス オランダ ドイツ ● ダッカ
ベルギー

ルクセンブルク

フランス スイス オーストリア

アンドラ イタリア

ポルトガル

スペイン

内モンゴル自治区

青海湖

青海省

● 瑪多

● バヤンカラ
  山口

林芝 ● ● セチ・ラ
    ● デモ・ゴンパ
アルナチャル・
プラディッシュ州
（インド）

● アムネマチン山

● 白馬雪山

● 香格里拉（シャングリラ）

麗江
老君山 ● ● 玉龍雪山

● 大理

雲南省

ミャンマー

ラオス

タイ

寧夏回族
自治区

● 蘭州

甘粛省

● 九寨溝

● 黄龍

四川省

● 折多山 ● 四姑娘山
         ● 康定

山西省

陝西省

河南省

● 成都

重慶市

貴州省

広西壮族自治区

ベトナム

湖北省

湖南省

広東省

海南省

The Genus *Meconopsis*（2014）を改変

♦ 凡例 ······························

- 本書で用いた学名、種の番号、掲載順はすべて Gray-Willson, The Genus *Meconopsis*, Blue
  Poppies and their relatives, 2014〔本文中では「グレイ・ウィルソン（2014）」と表記〕に従った。
- 種の番号の欠番は写真が撮影できなかったもの。
- 掲載種には和名がないので、著者が適当と考える学名の片仮名読みを当てた。

♦ 用語 ······························

花糸（かし）：雄しべの先端の葯を支える細い糸状の組織。
原記載（げんきさい）：新種を発表した時の、種の特徴を詳細に表した論文。
根生葉（こんせいよう）：根際の葉で、茎に生える葉を茎葉という。
シノニム：学名における同種異名。
全縁（ぜんえん）：葉の周囲に切れ込みがないこと。これに対し羽状とは葉に切れ込みのある状態。
総状花序（そうじょうかじょ）：ひとつの茎から多数の花柄を出し、花をつける状態。
タイプ標本：新種を記載する際に用いた標本。
タイプロカリティ：タイプ標本が採集された場所。
柱頭（ちゅうとう）：子房から花柱が伸び、その先端を言う。
蜜標（みつひょう）：ブロッチとも言い、花びらの基部の斑紋。
subsp.：亜種。種の下層の分類の単位。地方的に若干の変化のあるグループ。
var.：変種。種の中で、一定の変化が認められるグループ。

♦ 青いケシに関係したプラントハンターなどと主な分類学者 ·················

大場秀章（1943 -）
植物分類学者。東京大学名誉教授。2006 年、日本で初めての青いケシの解説書『ヒマラヤ
の青いケシ』を出版。
キングドン・ウォード（Frank Kingdon-Ward, 1885-1958）
英国のプラントハンター。また青いケシの研究家。ほとんど全生涯をプラントハンターとして過
ごしたと言える。
クリストファー・グレイ・ウィルソン（Christopher Grey-Wilson, 1944-）
英国の植物分類学者。2014 年発行の青いケシのモノグラフはテイラーの 20 世紀の青いケシ
研究を 21 世紀に大幅に前進させた。
ジャン・マリー・ドゥラヴェ（Jean Marie Delavay, 1834-1895）
フランスの宣教師で植物調査に貢献。M. delavayi に名を残す。
ジョージ・シェリフ（George Sherriff, 1898-1967）
英国の植物探検家。後記ルドロウと一緒に、特にブータン、チベットの植物探検に輝かしい成
果を残した。M. sherriffii に名を残す。
ジョージ・テイラー（George Taylor, 1904-1993）
英国の青いケシの研究者。1934 年に出版された、『メコノプシス属解説』は現在の青いケシの
分類研究の基礎となった。
ジョージ・フォレスト（George Forrest, 1873-1932）
英国のプラントハンターとして、大量の新種を発見した。M. forrestii に名を残す。
ニコライ・ミハイロビッチ・プルジェワルスキー（Nikolai Mikhailovich Przhevalskii, 1839-1888）
ロシアの探検家。何種もの青いケシを発見した。
フランク・ルドロウ（Frank Ludlow, 1885-1972）
英国の植物探検家。M. ludlowii は彼に献名された。
吉田外司夫（1949-）
青いケシの研究家。2009 年から、青いケシの新種発見に全精力を注ぐ。

青いケシ
Blue Poppies
メコノプシス・ホリデュラ・ホリデュラ
Meconopsis horridula subsp. *horridula*
青海省バヤンカラ山口で。

2 メコノプシス・スペルバ

Meconopsis superba King ex Prain

　ブータン西部に分布する固有種。標高約4,000m以上の岩礫地に自生する。白い細毛が幅広い葉一面に生え、約1.2mの高い花茎は木のない岩礫地帯では遠くからでもよく目立つ。通常4枚の花弁で、花の直径は8–9cm、純白の花弁が特に美しい。橙色の葯に囲まれた黒紫の雌しべの先端の柱頭が目立つ。

　本種は1949年以降、長らくその存在が確認されていなかった。2006年に日本人トレッカーにより撮影されていたが、2008年初め、ようやく本種とわかり、2008年の6月に日本人ツーリストによるブータン西部のパロから西への調査で多数の自生株が確認された。1949年から2006年の57年間もの長い期間発見されなかったのは、本種の自生地ハ地区はブータン北西部に位置し、ブータンの保護国たるインドと中国の国境に近く、一般人の立ち入りが禁止されていたためである。現在は若干の制限はあるものの、トレッキングで観察できる。

ブータン西部のハ地区で撮影。大きな黒紫の柱頭が特徴的で目立つ。

→
ブータン西部のハ地区で撮影。自生地の環境は稜線近くまで伸びた枯れ沢に沿って咲いていたが、大きな岩の岩礫地にも自生する。

8 メコノプシス・ナパウレンシス

Meconopsis napaulensis DC.

　ネパール中部に分布する固有種。標高3,200−4,500mの岩礫地や草地に自生する。花茎の高さは0.5−1.1mまで。全身が長い毛で覆われ、葉の長さは23cmほど、羽状に全裂する。深いカップ状の黄色の花で直径7−9cm、黄褐色や橙色の葯をもつ。

　2006年にカーティス・ボタニカルマガジンにおいてグレイ・ウィルソンが本種とその近縁の種を再検討し、その結果、4種もの新種を一度に記載した。写真の個体も最初は、メコノプシス・パニクラータとされていたが、この論文によって、全体を覆う毛の状態、子房と柱頭の形状および花期の花茎の高さが1mを超えないことなどの特徴から本種に分類された。

　撮影地はネパールのランタン谷だが、2015年の大地震による大規模な地滑りで、貴重なナパウレンシスの自生地は埋まってしまった。

ネパール・ランタン谷で撮影。トレッキングルート沿いで見かけたが、当初パニクラータと思っていた。

→
ネパール・ランタン谷で撮影。時期が早く、青いケシを目的とした旅ではなかったが、幸運にも数株の花が咲いていた。

11 メコノプシス・ワリッキー・フスコプルプレア

Meconopsis wallichii Hook. var. *fusco-purpurea* Hook. f.

　東ネパール、シッキム、西ブータンの標高2,400−4,300mに自生する。花茎は高さ1.4−2.0mになる。基亜種の花色は空色から紫で、直径7cmほどの花を下向きにつける。西ネパールからブータン西部には花弁が赤紫から赤色の変種が自生する。

　この変種は1984年発行の中尾佐助，西岡京治著『ブータンの花』に写真が掲載されていたが、撮影地のセレ・ラはブータン西部に位置し、長らく一般人は入域できなかった。メコノプシス・スペルバの再発見が契機となって、2009年にようやく撮影できた。自生地のセレ・ラは中尾によれば、ブータンの中でも特に雨の多い地方に属するとされ、実際に撮影の旅も雨にたたられた。

ブータン西部のセレ・ラで撮影。

→
セレ・ラで撮影。セレ・ラ
に滞在中はひっきりなしに
雨が降っていて、撮影には
苦労した。

12a メコノプシス・ウィルソニイ・ウィルソニイ
Meconopsis wilsonii Grey-Wilson subsp. *wilsonii* Grey-Wilson

12b メコノプシス・ウィルソニイ・アウストラリス
Meconopsis wilsonii Grey-Wilson subsp. *australis* Grey-Wilson

　中国・四川省と雲南省の一部に分布する。花茎は1.5mほどの高さで成長し、遠くからでもそれとよくわかる。標高3,000m前後の林縁に自生し、大きな葉は羽状に深裂する。花はカップ状で直径約8cm、亜種ウィルソニイは青から青紫で、別亜種アウストラリスは赤紫色から濃いピンク色で若干の濃淡があり、多くの花をつける。2つの亜種の自生地はかなり離れている。

　本種は最初の発見は四川省の宝興（パオシン）だったが、長い間忘れられていたようだ。2006年になってグレイ・ウィルソンにより新種として記載された。このような大きく美しい青いケシが長い間認識されなかったのは不思議だが、これも中国の広大さや環境の多様性ゆえかもしれない。

　亜種ウィルソニイは自生地での個体数は多いが、亜種アウストラリスは最初に発見された自生地に筆者が訪れた時はなくなっていた。その後、かなり離れた山中でようやく撮影できた。個体数は少ないようだ。

亜種ウィルソニイ の頂花。雲南省に近い四川省南部の自生地は、ちょうど開花の始まりの時期だった。

亜種アウストラリス。中国・雲南省の大理蒼山に分布。現地の案内人に案内されて、4時間の登りののち、ようやく自生地に着いた。

亜種ウィルソニイ。4WD で
登って行く林道のわきの林縁
に、思いのほか多くの個体が
咲いていた。緑に囲まれた青
いケシの姿は新鮮だった。

13a メコノプシス・パニクラータ・パニクラータ・パニクラータ
Meconopsis paniculata (D. Don) Prain subsp. *paniculata* var. *paniculata*

13b メコノプシス・パニクラータ・パニクラータ・ルブラ
Meconopsis paniculata (D. Don) Prain subsp. *paniculata* var. *rubra* Grey-Wilson

　ヒマラヤ山脈東部から中国北西部にかけて、ほぼ全域に分布する。時として大きな群落をつくり、花茎の高さは2mに及ぶ。葉は大きく、羽状に裂け、黄褐色の毛に覆われる。花は浅いカップ型で直径は5–7cm、花の色は黄色で、比較的低い標高でも目にする。自生地は亜高山帯の高山草原で、ヒマラヤ山脈でもっとも一般的な青いケシと言える。

　ヒマラヤ山脈の高山帯に近づくと、真っ先に現れる青いケシで、花弁の色が黄色でなく、青色だったらもっと人気が出るのだが、少し残念な気がする。

　ただ、筆者はブータン・インド国境地帯で赤い花弁の変種ルブラを見ている。たくさんの黄色のパニクラータの中に1株だけ赤い花のついた株があった。

変種パニクラータ。ブータン北部の長いトレッキングの途中、本種の大群落が小さな尾根を覆っていて、実に見事だった。

→
変種ルブラ。ブータン東部で。インド国境近くの広いなだらかな斜面に1株だけあった。

変種パニクラータ。ブータン中部のニカチューに沿って登って行く途中の湖のほとりに、ちょうど咲き始めた株があった。

17 メコノプシス・ブータニカ
Meconopsis bhutanica Toshi. Yoshida & Grey-Wilson

ブータン北西部に分布する固有種。標高4,400mを超える、かなり急で不安定なガレ場に生育し、花茎は高さ20–50cmで、あまり高くはならない。多くの根生葉の先端はいくつかの裂片に分かれるが、深くはない。花の直径は大きく、10cm以上になることもある。花弁は青紫で、薄いピンク色を帯びることもある。

本種は長らく近縁種のメコノプシス・ディシゲラ*Meconopsis discigera*に含められてきたが、2012年に新種として記載された。種名はブータンの国名に因む。ブータンの名高いトレッキングコースである、チョモラーリトレッキングルートの最北の地域に分布するが、自生地はかなり限られた地域で、雨も多く時々薄日が差す不安定な天候の場所である。観察した個体は、低い花茎の上部に大きな花がつき、ことのほか美しかった。個体数が少なく絶滅が心配だ。

ブータン西部のチョモラーリトレッキングルートの最北部、ツォフーに本種が咲く。

→
名がブータンの国名に因む、ブータンの青いケシの代表種。花弁の色彩に変化が多く、特に美しい。狭い自生地には個体数は少なく保存が望まれる。ツォフーで。

18 メコノプシス・ティベティカ
Meconopsis tibetica Grey-Wilson

　2006年に新種記載された大型の種。中国・チベット・チョモランマ（エベレスト）の東、標高4,600–4,900mのカンシュンバレートレッキングルート中のツォ・シャウ周辺に自生する。低木のシャクナゲ林や、上部岩礫地帯に花茎40cm以上の高さで、直径5–6cmの明るい栗色の花を咲かせる。本種はブータニカ同様、子房上部が盤状に広がり、他の青いケシと明確に異なる。

　本種は1921年にイギリスのエヴェレスト登山隊により記録されたが、注目されなかった。2000年に日本の女性登山隊、エーデルワイスクラブの隊員に記録されたが、種名不明のままになった。2004年に日本のトレッキングツアーの隊員にも観察され、写真に撮られたが、これもそのままになってしまった。2005年に至り、イギリスの植物調査により採集され、翌2006年、グレイ・ウィルソンにより、ようやく新種記載された。

本種のように大型で美しい青いケシが最近になってようやく発見されるのは、やはり中国は広いということか。

前年の咲き殻　子房上部が平らな盤状になっているのが特徴。

開花初期の花弁は特に赤色
が著しい。自生地のカンシュ
ンバレーの標高約4,600m
から咲き始める。

21 メコノプシス・トルクアータ

Meconopsis torquata Prain

チベットのラサ北部にのみ自生する。花茎は花期には高さ40–60cm、たくさんの根生葉は黄褐色の細い毛に包まれる。総状花序で明るい青色の花は大きく、花と花の間隔は狭く重なり合って咲くように見える。花弁は明るい青色。

1904年に発見され、1906年に記載されて以来、誰もこの花を見ていなかった。ところが1942年と1943年になって、ルドロウとシェリフにより再発見された。その後また長らく消息は不明だったが、2009年になって、イギリスの調査団がチベットに入り、その際に本種の採集を土地の羊飼いに依頼し、花の終わったトルクアータを入手した。その写真がグレイ・ウィルソン（2014）に載ったが、3葉の花のない部分写真だった。

筆者はこの時の調査団のメンバーに確認し、標高5,000mにある、その土地の羊飼いの採集現場に2016年と2017年に登ったが、薬効の高い本種は薬草として採りつくされ、見られなかった。その後、2018年に筆者の友人、潘华鹏（PAN HUA PENG）氏がラサ北部で新しい自生地を発見した。

この写真は2019年7月に、3回目の挑戦で、標高5,200Mの岩礫地で筆者がようやく撮影したものである。

1943年以降、外国人として初めて撮影したトルクアータ。ティベチカとの近縁種で、柱頭の上部が盤状になっているのがわかる。

本種は大きな岩の周辺に育
つが、これは岩の表面の水
をすべて集めることができる
場所で、なおかつ岩を背にし
て風の影響を弱める必要が
あるためだ。

23 メコノプシス・ベトニキフォリア

Meconopsis betonicifolia Franch.

　本種は1889年にフランスの宣教師ドゥラヴェにより、中国・雲南省の鶴慶の瓜拉坡および洱源三叉河で採集された。花茎は高さ約1.5mまで成長する。花の直径は7–11cmで明るい空色から青紫、ピンクを帯びた花弁を見ることがある。花色の変化が多いようだ。撮影場所の標高は3,700mの樹林帯で、林縁にも多い。葉は大きく、茎を抱く。葯は濃い橙色で目立つ。

　長らく中国での自生地に関する情報は知られていなかったが、筆者の知人が、ぼろぼろの本種の写真を見せてくれたことから新しい産地が判明した。その翌年、教えられた自生地に行って驚いた。多くの青い花が満開で実に見事な眺めだった。ちょうど最盛期だった。自生地では今のところ毎年開花して目を楽しませてくれるが、開発が進むなどして生育環境が失われることが懸念され、果たしていつまでこの場所に残っているか不安だ。

次種バイレイと比べ、あまり大きな違いは見てとれないが、本種の花の色彩は、非常に多様で、淡い青色からほとんどピンク色まで変化が多い。

24 メコノプシス・バイレイ
Meconopsis baileyi Prain

標高3,000–3,500mほどの中国の南東チベットに分布する。水辺に近い場所や湿性の場所に多い。花茎は高さ1.2mほど、花弁は直径8–14cmで青色が濃淡に変化するが、ベトニキフォリアほどの変化はないようだ。

本種の歴史は複雑だ。最初チベット東部で採集されたときは不十分な標本ながら、バイレイの名を与えられた。その後1924年にキングドン・ウォードが同じチベット東部で発見し、大量の種子をイギリスに持ち込んだ。その後、この青いケシは雲南省のベトニキフォリアと同じ種であると見直され、バイレイの名は消えた。ところが2009年にイギリスのグレイ・ウィルソンが、この種は雲南省のベトニキフォリアとは別種であるとし、チベットの青いケシの名前は元のバイレイに戻った。しかし両種を見ても、あまり大きな差異は認められない。

このバイレイは自生地では標高3,000mほどの低い場所でも成長し、イギリスでは青いケシの代表的な園芸種となった。

チベットのセチ・ラ峠で撮影。イギリスの文献にはこの峠を、チベット語のセルケム・ラ（Serkhyem La）ということが多い。

→
キングドン・ウォードがチベットでの最初の採集基地、テモ・ゴンパ周辺で撮影。この頃は本種が多かったが、最近ではもう見かけない。

25 メコノプシス・ガキディアナ
Meconopsis gakyidiana Toshi. Yoshida, R. Yangzom & D.G. Long

　ブータン最東部から、それに隣接するインドのアルナチャル・プラディッシュ州西部に分布する。花茎の高さは45–120cm、根元の葉は多く、長さは5–17cm、花の直径は6–15cmとかなり大きい。花の色彩は変化が大きく、紫からスカイブルーで、稀ならず暗赤色にもなり、ピンクとブルー、白の見事なグラデーションの花色の個体も見つかる。

　本種はブータン東部、インド・アルナチャル・プラディッシュ州に分布するメコノプシス・グランディス *M. grandis* の新亜種、オリエンタリス *orientalis* として2010年にグレイ・ウィルソンにより記載されたが、2016年末に、メコノプシス・ガキディアナ *M. gakyidiana* として独立種にされた。チベット南部のカンシュンバレートレッキングルート中にも本種と思われる個体を観察したので、さらに調査が望まれる。

ガキディアナの大型化した個体で、花の直径が17cmほどで色彩も鮮やかで花弁も大きいタイプ。アルナチャル・プラディッシュ西部で。

基本的な花の形状は深いカップ状で横向きまたはやや下向きに咲く。濃い藍色の花弁が多い。ブータン最東部で撮影。

ブータン最東部のインドとの
国境地帯には、本種がシャ
クナゲの林縁にちょっとした
群落を作り咲き誇っていた。

26 メコノプシス・シェリフィイ

Meconopsis sherriffii G. Taylor

　美しいピンクの花をつける本種は、青いケシ愛好家垂涎の的だ。1936年、インド国境に近い南部チベットでジョージ・シェリフにより発見された。写真の個体はブータン中北部、ルナナ地方の標高4,950mの岩礫地帯で撮影。花茎の高さは15–30cm、1茎に1花をつけ、岩礫地の表面についた蘚苔類に根を下ろす。花弁は6–8枚の明るいピンク色で、カップ状に咲くが晴天時はかなり平開する。

　ブータンでは中北部のルナナ地方の数か所に自生地が発見されているが、自生地へはモンスーンの雨の中、標高平均4,500mのトレッキングコースを片道6日以上歩かなければ見ることはできない。

　チベットのタイプロカリティに本種が生き残っているか長らく不明だったが、2018年、中国人の青いケシ愛好家により自生が確認された。その場所はまだ外国人に開放されていないので、立ち入れないが、原生地に残っていることが確認されたことは喜ばしい。

長い雨の中のトレッキングの末、ようやく本種を見ることができた。ブータン・ルナナ地方で。

→
奇跡のように晴天になった自生地に、本種が1本花を立ち上げ咲いていた。その下にはほかの小さな株もたくさん伸びていた。

27a メコノプシス・インテグリフォリア・インテグリフォリア
Meconopsis integrifolia (Maxim.) Franch. subsp. *integrifolia* (Maxim.) Franch.

27b メコノプシス・インテグリフォリア・スーリエイ
Meconopsis integrifolia (Maxim.) Franch. subsp. *souliei* (Fedde) Grey-Wilson

　ロシアの探検家プルジェワルスキーにより発見された大型の黄色の青いケシ。中国の甘粛省、青海省、四川省に分布し、花茎の高さは20–100cm、花の直径は20cm以上になることもある。花は上向きに咲く。1茎に4–5個の濃い黄色の花をつけ、花柱はあまり発達しない。柱頭は4–7裂し、この形の違いで近縁種と分ける。

　本種はほかの青いケシに先駆けて開花する。特に青海省のステップ草原に咲く亜種インテグリフォリアは周囲が低い草原の中で他を圧倒する姿が美しい。また、亜種スーリエイは日本人がよく訪れる四姑娘山山麓では赤いプニケア種に交じって咲く姿が感動的である。

　自生地では個体数も多く、花弁が黄色ではあるが、代表的な青いケシの仲間と言ってよい。産地によって少しずつ花や葉の形態が違い、近縁種を含めて分類の再検討が予想される。

亜種インテグリフォリア。チベットからの大草原が続く青海省南部のバヤンカラ山口で撮影。

亜種スーリエイ。青いケシのメッカともいえる四川省・四姑娘山山麓の巴朗山には本種のお花畑が広がる。

亜種インテグリフォリア。中国の黄河と揚子江の源流に近いバヤンカラ山口は見事なステップ草原が続き、本種がぽつぽつと大きな花を咲かせる。

28 メコノプシス・リージャンエンシス
Meconopsis lijiangensis (Grey-Wilson) Grey-Wilson

全体にインテグリフォリアの小型版といった印象で、中国・四川省南西部と雲南省のやや狭い地域に分布する。花茎の高さは45–75cmで、黄色の花は直径9–12cm、横向きからやや上向きに咲く。花柱はやや伸びるが短く、インテグリフォリアより長い。

種名のリージャンとは自生地のひとつ雲南省の麗江の意。主な産地は四川省と雲南省の省境の大雪山、紅山、玉龍雪山などで、インテグリフォリア種と形の違いはあまり大きくないようだ。

本種はメコノプシス・インテグリフォリアの亜種だったものを、グレイ・ウィルソンが独立種としたものである。なお、本種のタイプロカリティは麗江北部の玉龍雪山である。

1. 雲南省と四川省の省境の大雪山埡口で撮影。埡口とは峠のことで、横断山脈で有名である。

2. 本種は深いカップ状の花で、あまり開かないのが特徴である。四川省西部の無名山で撮影。

大雪山埡口で撮影。背後の
山並みは険しい横断山脈で
ある。

29 メコノプシス・プセウドインテグリフォリア
Meconopsis pseudointegrifolia Prain

　中国・雲南省とチベットの一部に分布。花茎の高さは低く、15–22cm、高くても35cmほど。根際からの葉は細く、多数叢生し、黄褐色の毛に覆われる。花は黄色、直径10–12.5cmで、通常1花が多く、あっても2–3個の、かなり小ぶりな印象である。花はひとつでも、花茎が低く、草丈の中ほどに大きな花が咲いているので、黄色のインテグリフォリアグループの中でも特異だ。

　グレイ・ウィルソン（2014）では、4種類のインテグリフォリアグループ（インテグリフォリア、リージャンエンシス、プセウドインテグリフォリア、スルフレア）の分布図は重ならずにきれいに独立して描かれているが、実態はもっと微妙に重なっているようだ。また柱頭の形の変化も様々。いずれもインテグリフォリアグループの花以外の青いケシに先駆けて咲く点は同じである。さらに分布調査が進み、分類が再検討されることも考えられる。

プセウドとは「似た」という意味で、いわばインテグリフォリアの小型版といった花であるが、独自の美しさを誇る。ラサ東方のミ・ラ峠で。

→
ミ・ラ峠で撮影。以前は今よりもはるかに静かな峠だったが、交通量が多くなり、結果、多くの人が立ち寄り、本種は本当に少なくなった。

30a メコノプシス・スルフレア・スルフレア
Meconopsis sulphurea Grey-Wilson subsp. *sulphurea*

30b メコノプシス・スルフレア・グラキリフォリア
Meconopsis sulphurea Grey-Wilson subsp. *gracilifolia* Grey-Wilson

1

　2014年に新種とされた。亜種スルフレアは中国・四川省南西部、雲南省の一部、チベット南東部に分布する。花茎の高さは25–120cmで、花期の茎葉の幅は細く、長く伸びる。花の直径は10cm前後で淡い黄色の花弁が多い。花姿は花茎の高いことと茎葉の少ないことからすっきりした形である。雲南省の産地老君山では疎林の中に咲く。チベットの東部セチ・ラでは、高度の影響もあってか、花茎はあまり伸びないが、相対的に花が大きくて目立つ。

　亜種グラキリフォリアは、花期に茎はあまり伸びず高さ20cmほどで、花は亜種スルフレアがうつむき加減に咲くのに対し、上向きまたはやや上方に向いて咲く。

2

1. 亜種スルフレア。チベット東部のセチ・ラで撮影。この峠周辺の本種はあまり花茎が伸びないが、相対的に花が大きく、美しい。

2. 亜種グラキリフォリア。チベットのラサから直線距離で約100km西の雪格拉山、標高約5,200mの場所で撮影。グレイ・ウィルソン（2014）の分布図からかなり離れているが柱頭の形状から本種と判断した。

ご住所	フリガナ				
	〒				
		Tel.	（	）	

お名前	フリガナ		性別	年齢	目録送付
			男・女		希望する 希望しない

注文書

原種の花たち＿1　チューリップ	定価	1,540	円		冊
	定価		円		冊
	定価		円		冊
	定価		円		冊
	定価		円		冊

※ご注文品の本体価格合計が 3,000 円以下の場合，送料 210 円がかかります。3,001 円
以上の場合は送料無料ですが，代引発送となります。別途代引き手数料（330 円～）
がかかります。

※ご記入いただいた情報は，小社新刊案内等をお送りするために利用し，それ以外
での利用はいたしません。

青いケシ メコノプシス

平素は弊社の出版物をご愛読いただき，まことにありがとうございます。今後の出版物の参考にさせていただきますので，お手数ながら皆様のご意見，ご感想をお聞かせください。

◆この本を何でお知りになりましたか

  1．新聞広告（新聞名   ） 4．書店店頭

  2．雑誌広告（雑誌名   ） 5．人から聞いて

  3．書評（掲載紙・誌   ） 6．授業・講座等

  7．web（   ） 8．SNS（   ）

  9．その他（   ）

◆この本を購入された書店名をお知らせください

  実店舗（   都道府県   市町村   書店）

  ネット書店（   ）

◆この本について（該当のものに○をおつけください）

	不満		ふつう		満足
価　格					
装　丁					
内　容					
読みやすさ					

◆この本についてのご意見・ご感想

★小社の新刊情報は，まぐまぐメールマガジンから配信されています。ご希望の方は，小社ホームページ（下記）よりご登録ください。

https://www.bun-ichi.co.jp

亜種スルフレア。雲南省
・香格里拉（シャングリ
ラ、旧中甸［ちゅうで
ん］）の南、天池周辺
は本種が少数自生する。
典型的な形状である。

31a メコノプシス・シンプリキフォリア・シンプリキフォリア
Meconopsis simplicifolia (D. Don) Walp. subsp. *simplicifolia*

　基亜種シンプリキフォリアはネパールからブータン中北部と中国・チベット南部に分布。亜種グランディフローラはブータン北東部とインドのアルナチャル・プラディッシュ及びチベット南東部に分布。ともに1茎1花で葉はすべて根生葉、茎葉はない。花茎の高さは60cmほど。花はカップ状で、横または下向きに咲き、青から濃い紫まで幅が広い。比較的低い標高3,000-4,500mの湿性の草原や林縁に咲く。開花時期は早く、5月末から。ブータンでは群落で咲くこともあり、比較的普通に見かける。

　基亜種シンプリキフォリアの花糸は花弁と同色で青だが、東チベット産の亜種グランディフローラは花が基亜種より大きく、特に花糸が純白で明らかな違いがある。このような違いからチベット東部のシンプリキフォリアはせめて別亜種にするべきだと以前から思っていたが、グレイ・ウィルソンがようやく2014年になって別亜種のグランディフローラとして独立させた。ようやく思いがかなったような気がする。

左からインド・シッキム北部、ブータン西部・チェレイ・ラ、ブータン西部・ハで撮影。すべて根生葉で、花弁の色彩も変化が多い。

シッキムやブータンでは群落で咲くことも多く、黄色のシンプリキフォリアと並んで、あまり高くない標高の場所に多い種類である。シッキム北部ユムタンで撮影。

31b メコノプシス・シンプリキフォリア・グランディフローラ
Meconopsis simplicifolia (D. Don) Walp. subsp. *grandiflora* Grey-Wilson

　グレイ・ウィルソンによってブータンの中東部からチベット東部を含む地域のシンプリキフォリアが別亜種のグランディフローラとして記載されたことは納得できるが、ブータンの西に位置するインド領シッキムのユムタン産の個体もグランディフローラとして取り上げている。これはグレイ・ウィルソンの示した分布図から大きく外れている。筆者も同所で撮影しているが、ここの個体の花糸の色は花弁とほぼ同色の紫色である。ところが、チベット東部のセチ・ラで撮影したグランディフローラはその花糸が白である。亜種グランディフローラの記載文には、花糸の色の言及がない。これは基亜種に準ずる意味なのであろう。腊葉標本では花糸は茶色に変色して、白とは判別できないから

でもあろう。

　ところで、グレイ・ウィルソン（2014）には、中国の学者が記載した*Meconopsis nyingchiensis*の記述がある。2葉の写真が掲載されていて、グランディフローラに酷似しているが、花糸は明らかに白である。タイプロカリティは林芝のShejilashanとされている。セチ・ラである。筆者はセチ・ラで多くの亜種グランディフローラを撮影しているが、花糸はすべて白である。このことから、チベット東部のセチ・ラ周辺のグループは*M. nyingchiensis*と考えたほうが良いのかもしれない。今後の分類学者の調査、研究を期待する。なお、セチ・ラはチベットでも青いケシが多産することで有名な場所である。

3枚の写真はすべて中国・チベット東部のセチ・ラで撮影。花弁の色彩の変化がわかる。中央写真のあずき色のタイプはごく稀のようで、1回しか見ていない。花糸は白色。

以前はセチ・ラの峠では普通
に見ることができたが、近年
は非常に数を減じている。花
糸は明らかに白である。

メコノプシス・プニケア

Meconopsis punicea Maxim.

　プルジェワルスキーが1884年に発見した。中国・四川省、青海省、甘粛省に分布し、ステップ草原、林縁、荒れ地やシャクナゲ林などに自生する赤い花びらの青いケシ。花茎の高さは60cmほどで、葉はすべて根生葉。1茎1花で、長く下に垂れた花弁は、白花変異を除いて、若干の濃淡があってもすべて赤い色で特異。これが青いケシの仲間とは思えない。必ず花が下を向いている様は、赤いドレスを風になびかせているようだ。おかげで、雨の多い時期にも、雨宿りの虫が絶えない。

　筆者が1988年に青海省の達日で初めて見たときも、青いケシの仲間とは思えなかった。花弁にはつぼみの時のしわが顕著に残るものと、四川省の黄隆にはかなりなめらかなタイプがある。

四川省・紅原で撮影。ステップ草原や林縁に咲く本種は独特の存在感を示す。

四川省四姑娘山山麓の巴朗山で撮影。この日、麓は雨模様で、峠に登るにつれて、雪が混じり、峠は程よく雪に覆われ、プニケアが顔を出していた。

巴朗山は黄色のインテグリフ
ォリアと赤いプニケアが6月
から咲く。麓から車で登って
行くと、山の斜面に大パノラ
マが広がる。

36 メコノプシス・クインツプリネルヴィア

Meconopsis quintuplinervia Regel

　プルジェワルスキーにより発見された。花期の花茎の高さは35cmほど。葉はすべて根生葉で、花は下向きに咲き、花色は紫であまり開くことはない。地域により、わずかに開くが、半開までもいかない。

　本種は花色こそ異なるが、プニケアに似た花姿で、葉の形態もよく似ているので2種が混同されたこともあるという。中国・四川省、湖北省、青海省、陝西省、チベット東北部の高山草地、シャクナゲ林などに自生する。

　あまり個体数の多くない種ではあるが、四川省北部の青海省との省境地帯ではかなり多くの群落を見た。自生地はかなり限定され、四川省の有名な観光地、黄龍寺境内の参道の上部に少数咲いているが、目立たず、たくさんの観光客にも気づかれない。

→
四川省四姑娘山山麓の巴朗山で撮影。筆者が観察したのは1か所だけで、高い崖の上に咲いていたが、非常に気づかれにくい場所だった。

中国の一大観光地、黄龍の参道上部にも少数自生する。ただ林間の草地に下向きに咲くので、ほとんど目立たない。

37 メコノプシス・クーケイ

Meconopsis ×cookei G. Taylor

　メコノプシス・プニケア*Meconopsis punicea*とメコノプシス・クインツプリネルヴィア*M. quintuplinervia* の自然交雑種である。花茎の高さや下向きに咲く花姿は両親に似るが、花弁の色が淡紅色である。

　青いケシの仲間は、標高の高い場所で地域的な連続がさえぎられ、独自に進化してきた。そのため自然交雑はよほど条件がそろわないと起こることはない。

　プニケアとクインツプリネルヴィアは類縁関係が極めて近く、自生地も同じで、開花時期も同じであるため、自然交雑が比較的多く見られる稀なケースである。筆者が観察したケースは中国・四川省四姑娘山山麓であるが、数年の間、同じ場所に２種も開花していた。

四姑娘山山麓の巴朗山で撮影。３年ほどほぼ同じ場所で咲いていたが、その後は見ていない。

→
青海省南部のアムネマチン山の麓、瑪沁東部で撮影。自生地の峠周囲には少数のクインツプリネルヴィアとプニケアが咲き、峠を越えるとロシアの探検家、プルジェワルスキーが活躍したステップ草原が広がる。

38 メコノプシス・アクレアータ

Meconopsis aculeate Royle

　西ヒマラヤのインド北部に分布し、標高約2,500−4,000mの岩が
ちの草原、岩礫地などに自生する。花茎は高さ約60cmに伸び、葉
は羽状全裂し、淡黄褐色の刺がまばらに生える。花の直径は5cm前
後で、明るい空色、時に赤紫からピンクに近い薄紫の美しい花色にな
ることもある。花は平開までにならないが、浅いカップ状で葯は橙色。
自生地では普通に分布している。インド北部のガルワールヒマラヤの
花の谷や、ロータンパスでは、本種はこの地域唯一の青いケシで個
体数も多く、同地を訪れる青いケシ愛好家に有名である。インドの代
表的な青いケシと言える。

→
花弁の色は変化が多く、光
が通るような淡い空色の花
弁や、ワインカラーの花弁
があって美しい。

写真は、ともにインド北部ロータンパスで撮影。花期の見定めが難しく、開花直後に訪れないと新
鮮な花の写真は撮影できない。花弁は薄く、剥離しやすい。

41 メコノプシス・スペキオサ・コードリアナ

Meconopsis speciosa Prain subsp. *cawdoriana* (Kingdon Ward) Grey-Wilson

　基亜種スペキオサは中国・チベット南東部、雲南省北西部に分布するとされ、プラントハンター、ジョージ・フォレストによって採集されたという。東チベットの探検で有名なキングドン・ウォードは徳欽の山中で出会った基亜種は1株に29個の開花した花と5個のつぼみに加え、14個の果実があったと記録している。

　亜種コードリアナはもっとも簡単に観察できる種類で、チベット東部に分布する。学名は1924年のキングドン・ウォードチベット探検の同行者コーダー卿に因む。花茎は通常高さ20–30cmで、葉は不規則な羽状の切れ込みと、褐色の剛毛があり、剛毛の生え際は黒くなる。花は直径約5cm、青色でややうつむき加減に咲き、香りがある。なお、中国の『西蔵植物志』などでメコノプシス・プセウドホリデュラ *M. pseudohorridula* となっているのは、本種のことであろう。

→
本種はチベットのセチ・ラでは比較的多産すると言えよう。ただ花弁は傷みやすく、新鮮な花の写真は撮影が難しい。

チベットのセチ・ラで撮影。初めて訪れた時、少し時期が早く、ひとつの花しか咲いていなかった。しかし花にしっかりとした香りがあって、同定できた。

42a メコノプシス・ホリデュラ・ホリデュラ

Meconopsis horridula Hook. f. & Thompson subsp. *horridula*

　従来から分類学上紛議のある種である。産地により、また個体により変化が多い。ネパールからブータン、北東インド、中国チベット、青海省などに分布し、標高4,000m以上の岩礫地帯に多く自生する。花茎の高さは10–28cmと低く、矮性種と言える。葉は地際から出て、鋸歯はない。茎や葉に鋭い剛毛が生える。花は通常花茎に1個つき、花の直径は5–7.5cm、カップ状の青い花弁で、紅紫色になることもある。日本ではこのホリデュラが青いケシの象徴と言ってよいほど知られている。それは日本の登山家がヒマラヤの高峰に挑んだ際見かけるのが、全身を刺に守られたこのホリデュラだからだ。

　イギリスで青いケシと言えば、バイレイ（ベトニキフォリア）、グランディスなどの花茎の高い大きな花をつけるグループだ。キングドン・ウォード以来、古くから園芸に導入されているので、一般になじみがある。ヒマラヤの青いケシのイメージが日本とイギリスで違うのは面白い。

→
ラサの北西、雪格拉山、標高5,200mに花をつけた1株があったが、標高が高いと花弁の色も青さが増す。

アムネマチン山脈の麓周辺は本種の多いことで知られる。狭い道を4WDでたどると標高4,500mから4,900mまで道沿いに咲き、驚いた。私はこの峠道をホリデュラ街道と名付けた。

42b メコノプシス・ホリデュラ・ドルックユルエンシス

Meconopsis horridula Hook. f. & Thompson subsp. *drukyulensis* Grey-Wilson

　2014年、グレイ・ウィルソンによりブータン北部に分布するタイプがホリデュラの亜種ドルックユルエンシスとして記載された。刺の多いホリデュラのグループは、従来から1茎1花がホリデュラで、1茎多花がラケモサとされていたが、ブータンの高地には花弁の色や刺の形状から、明らかにホリデュラと思われるタイプが見つかる。しかしこのタイプは1茎多花なのだ。花のつき方から考えればラケモサであるのだが。この問題に解答を与えたのが、グレイ・ウィルソンの提唱した、この亜種ドルックユルエンシスである。面白いことに、ブータン高地には明るい青色の花弁とともに、ピンク色の花弁の個体もよく見ることがある。この傾向はブータンの北部高地にドルックユルエンシスと同じように分布するメコノプシス・ベラ*Meconopsis bella*にも当てはまる。これは標高の高い場所は紫外線が多く降り注ぐせいなのかどうか、まだわかっていない。いずれにしても、ブータン北部の標高の高い場所には、空色の花弁から、ピンクや赤紫のタイプが多く観察でき、ブータンの高山地帯を華やかにさせる。

ブータン中北部ルナナ南部で撮影。高山シャクナゲの林縁に多い花色がピンクのタイプ。

→
ブータン西部チョモラーリトレッキングルートの最北部ツォフーの岩礫地に、まばらに自生する。刺や花弁はホリデュラタイプだが、花やつぼみが1茎にいくつもついている。

43 メコノプシス・ラサエンシス

Meconopsis lhasaensis Grey-Wilson

　2014年にグレイ・ウィルソンにより新種記載された。種名のラサは中国・チベットのラサの意で、ラサ周辺に限って自生するので名付けられた。標高の低い場所では草地や灌木内にも自生し、高い場所では岩礫地に自生するなど、環境に対する多様性が高い。花茎の高さは20-40cm、葉は全縁のこともあるが、少し切れ込むこともあり、幅も変化が多い。葉上の刺はホリデュラほど鋭くない。花は1茎に1-4、5個つき、直径は2.5-4.2cmほどで、色彩は明るい空色から紅紫まで変化が多い。葯はホリデュラに比べ明らかに長く、きれいにそろって円を描くように並ぶことが多い。

　筆者が最初にこの青いケシを見たのは2002年チベットのミ・ラ峠の東側で、その後ミ・ラ峠の西側で6回見ている。また、ラサ北方の標高5,000mの高地にも多く自生しているのを観察した。明らかにホリデュラとは混生しない。

1. ラサの東、標高約4,000ｍの道路際の斜面に咲いていた。葯の長さがよくわかる。
2. ラサ北方の標高5,050ｍのガレ場に咲いていたアルビノ種。この高度でもホリデュラはなく、本種だけだった。

少し逆光気味のラサ
エンシス。ラサの南東、
標高4,350mの地には
思いのほかたくさんの
株を見ることができた。

44 メコノプシス・ラケモサ
Meconopsis racemosa Maxim.

　長らくホリデュラと混同され、分類学者の間でも論議が絶えなかったが、グレイ・ウィルソン（2014）により、ようやく整理された。また、これによりラケモサはほかの高茎種、プラッティ、チョンディアンエンシスとの区別も分かりやすくなった。

　分布は中国北西部、甘粛省、四川省、青海省で、標高3,200–4,700mの草地、岩礫地に自生する。花茎の高さは45–75cmで場所や個体によりさらに高く成長することもある。葉は根生葉、全縁で切れ込むことはない。花は総状花序で4–8個がつき、1茎1花のホリデュラと異なるが、区別に困難な株もある。直径3.5–6cmのカップ状の花は青から紫で、紫が多い。剛毛はホリデュラほど鋭くはない。なお、本種はロシアの探検家、プルジェワルスキーにより発見された。

四川省の有名な観光地、黄龍への峠道で、まばらに咲いているのを見たのが、初めての本種との対面だった。

→
黄龍のラケモサは、少し時期が遅いためか、最初に咲く花茎上部の花はすでに終わっていた。

45 メコノプシス・プラッティ

Meconopsis prattii Prain

　本種は中国・四川省南西部、雲南省北西部に分布するが、分布域は比較的狭い。ホリデュラやラケモサと長らく混同されてきた。特に、次種チョンディアンエンシスが2014年に独立種とされたが、それ以前は本種と区別されていなかった。

　花茎の高さは約40cm、葉はほとんどが根生葉で茎葉は少ない。花は総状花序で、直径4–6cmの皿状の7–17個ほどを横向きにつける。花弁は5–6枚の深い青色から青紫で葯はクリーム色から淡い黄色。種名はイギリスのプラントハンター、プラットに因む。

四川省西部の剪子湾山、標高約4,140mで撮影。本種のタイプロカリティは康定で、この場所からはかなり近い。

→
康定の北西に位置する塔公郷の山麓で撮影。花茎の高さ60cmほどで上部に花がたくさん咲き、非常に良い状態の株だった。

46 メコノプシス・チョンディアンエンシス

Meconopsis zhongdianensis Grey-Wilson

　種名のチョンディアンとは自生地の、中国・雲南省、現・香格里拉（シャングリラ）（旧名 中 旬（ちゅうでん）) の意で、旧・中旬周辺の狭い地域に分布する。2014年にグレイ・ウィルソンにより記載された。自生地はあまり標高の高くない3,000–3,900mほどの岩がちの斜面、侵食された崖、荒れ地などに自生する。花茎は高さ40–80cmで、時に1mを超える。葉は根際に10個前後につき、茎葉は根際ほどではないが少数つく。花の直径は4–7cmで、皿状の花が横向きにつき、花色は青から淡青色。

　もっとも本種に特徴的なことは、花とつぼみが花茎の長さの半分以上にわたり、かなりぎっしりとつく。また花と花の間隔が極端に狭く輪生状につくこともある。自生地の香格里拉では北に納帕海があり、その周囲には多くの本種が自生し、小中旬から天地までの山道にも本種が群生する。

→
香格里拉の郊外で撮影。よく成長した株で、開花済の花、開花している花、つぼみを数えたら50以上になったので驚いた。

雲南省北部の香格里拉の郊外の納帕海で撮影。あまり成長していない株が頂花を咲かせている。これからさらに花茎が伸びる。

47a メコノプシス・プライニアナ

Meconopsis prainiana Kingdon Ward

　キングドン・ウォードが1924年に中国・チベット東部の探検で発見した。チベット東部に分布し、標高4,000m以上の比較的標高の高い草付きや、石混じりの高山草地に多く自生する。花期には高さ80cmを超える花茎や葉にホリデュラほど鋭くない細い刺が生える。根際の葉も茎葉も細長く、上になるほど短く、少なくなる。浅いカップ状の花は直径5–7.5cmほどで、明るい淡青からやや濃い青まで若干の濃淡がある。

　長らくイギリスの専門書に本種の記述がなく、イギリスのジョージ・テイラーにより、ホリデュラのシノニムとされていた。独立種として認識されたのはごく近年になってからだが、自生地に行けば他種との違いは明らかだ。なお、グレイ・ウィルソン（2014）により、本種に似た黄色の花弁をもつタイプがプライニアナの別変種として記載されたが、2016年に独立種として記載されたメコノプシス・メラケンシス *Meconopsis merakensis* の黄色の花弁のタイプが変種アルボルテア var. *albolutea* として分離された。

→

セチ・ラで撮影。キングドン・ウォードが本種を発見した時、その優雅な美しさに息をのんだのではないかと思わせる見事な株である。

チベットの東、セチ・ラで撮影。ここは雨の多い峠で、なん種もの青いケシがこの峠に自生し、また分布を分ける。

47b メコノプシス・メラケンシス・アルボルテア

Meconopsis merakensis T. Yoshida, R. Yangzom & D. G. Long
var. *albolutea* T. Yoshida, R. Yangzom & D. G. Long

　花茎の高さ35–70cm。全体が薄い麦わら色の刺に覆われる。葉は幅4–10mm、長さ2–8cmで根際の葉は茎葉より長い。花は皿状またはカップ状で、直径3–5cmの花弁は、基変種メラケンシスvar. *merakensis*では青から紫。変種アルボルテアvar. *albolutea*は黄から白。基変種メラケンシスはブータン東部メラ・サクテン地方、変種アルボルテアはインド北東部アルナチャル・プラディッシュに分布するが、いずれも国境を挟んでごく近い。

　本種も分類上の位置が変化の真っただ中の青いケシだ。グレイ・ウィルソン（2014）により発表された、メコプシス・プライニアナ・ルテア*Meconopsis. priniana* var. *lutea*は、2016年にメコノプシス・メラケンシス*M. merakensis*と記載されて独立種となり、花弁の青い個体はその基変種メラケンシスvar. *merakensis*とされ、黄色の個体は、変種アルボルテアvar. *albolutea*として独立した。最初の学名はわずか2年の命だった。

　変種アルボルテアは自生地のアルナチャル・プラディッシュでは標高4,000mの岩がちの草原や崖に数多く見かけた。

インド最東部のアルナチャル・プラディッシュ州の西、ブータン国境を接する地域に分布。インド平原から一気に高くなった地域に自生する。

小雨の中を、2日かけて標高
4,000mの稜線を歩いたが、
いつまでも本種が咲いていて
なぐさめられた。

48 メコノプシス・ルディス
Meconopsis rudis (Prain) Prain

　中国・四川省南西部、雲南省北西部に分布し、標高3,400–
4,500mの高山草原や岩礫地などに自生する。花期の花茎は高さ
20–60cmほどで、かなり鋭い刺が全体を覆う。地際の葉が主で、
茎葉には葉は少ない。葉から鋭い刺が出るが、刺の根元は黒い特徴
的な斑がある。葉身は青みがかった色彩があるが、産地によっては青
みを欠く場合も少なくない。花は花茎下部から上部まで7–19個もつき、
直径4.5–8.4cmの青から紫となる。多くの花が同時に咲くことはも
ちろんない。
　ホリデュラをはじめとする刺の多いこれらのグループ各種は、地域
ごとに少しずつ変化し、将来は種の分類が再び大きく整理されるので
はないだろうか。

→
麗江の玉龍雪山北部で撮
影。石灰岩の山頂付近の
岸壁にはキンポウゲ科で魅
力的な花、パラクレイギア
が咲いていた。

四川省・新都橋南
部の亜龍峠で撮影し
た典型的なルディス。
特に葉が青みがかっ
た緑色で特徴をよく
表している。

84

51a メコノプシス・バランゲンシス・バランゲンシス

Meconopsis balangensis Tosh. Yoshida, H. Sun & Boufford var. *balangensis*

51b メコノプシス・バランゲンシス・アトラータ

Meconopsis balangensis Tosh. Yoshida, H. Sun & Boufford
var. *atrata* Tosh. Yoshida, H. Sun & Boufford

　中国・四川省の四姑娘山山麓、特に巴朗山周辺の固有種で2011年に新種記載された。花茎の高さは花期には40cmほど、種子の時期には50cmほどに伸びる。全体に麦わら色の剛毛が生え、剛毛の生え際は黒褐色の斑がある。葉は全縁で若干波打つこともある。花茎に皿状またはボウル状の直径3.5–8cmの花が6–20個つくが一度に咲くことはない。花弁の色は濃い青または青紫で、内側の花糸は扁平で子房を包む。また外側の花糸は扁平にならず、結果的に内側の花糸と外側の花糸が二重に子房を囲む形になることが多い。

　変種アトラータvar. *atrata* は巴朗山に連なる標高4,000mの峠に分布する。基変種バランゲンシスvar. *balangensis* の花弁が青または青紫なのに対し、濃い黒褐色から栗色になる。この色彩はあまり変化の幅がなく安定した形質である。基亜種の自生地からあまり離れていない連続している稜線なのに、興味ある現象だ。なお、この黒褐色のアトラータを最初に報告したのは、日本のツアー会社のツアーリーダー、横溝康志氏である。

変種バランゲンシス。四姑娘山山麓の巴朗山で撮影。7月中旬でも標高4,300mでは雨が雪になる。

変種アトラータ。特異な黒褐色の花弁は、濃淡の幅はあっても決して青くならず、独特な花姿である。

変種バランゲンシス。長らく
ラケモサやルディスと分類さ
れてきたが、バランゲンシス
と分類されて、納得できた。
葉を見ると、青みがかってい
てルディスによく似ているの
で、無理はないと思わせる。

53 メコノプシス・インペディタ

Meconopsis impedita Prain

　本種の分布はチベット南東部、四川省南西部、雲南省北西部と比較的広いが、あまり知られていない種である。それは自生地が標高3,500m以上の、ブッシュ状の岩礫地や石の多い荒れた草地など、他の青いケシと自生地の環境が少し異なるからだろう。花期の花茎は高さ10–30cmと低く、10cm前後のことが多い。花茎の低いことが本種を目立たせない要因と思われる。茎葉はなく、根生葉はほぼ全縁から不規則に羽状に切れ込む。同じ場所の個体も葉の切れ込みのパターンには様々な変化があるようだ。花は直径3.5–6.5cm、濃い青から濃紫で、深いカップ状の花は下向きに咲くので目立たない。ただ晴天下ではかなり上向きになることもあるようだ。葯の色は変化が多く、クリーム色から橙黄色まで幅広い。

チベットのセチ・ラで。雨の中を探してようやく見つかった。

→
何度も数えきれないほど訪れたセチ・ラだったが、道から大きく外れた岩礫地に自生し、花茎が低いために長らく本種を見逃していた。

55 メコノプシス・コンキンナ

Meconopsis concinna Prain

　中国・四川省南西部、雲南省北西部に分布し、特に玉龍雪山、白馬雪山、香格里拉周辺の山地など、いずれも標高3,600–4,500mの石交じりの高山草原、崖の縁、シャクナゲ林の林縁などに自生する。花茎は花期の高さ4.5–13.5cmの小型種。葉は明るい緑色で、すべて根生葉。全縁の場合や、浅くまたは深く裂けることもあり、変化が多い。質は明らかに厚くやや肉質で、同じ小型種のアルナチャル・プラディッシュ産のルドローウィ *Meconopsis ludlowii* とは、まったく質感が違う。花は直径2.5–6.0cmの紫からすみれ色まで変化が多い。葯はクリーム色で時間が経つと黒色に変化する。

　ブータンにも本種が分布するとされたことがあるが、これはルドローウィである。

雲南省北部で撮影。岩礫地の横の草地に少数咲いていたが、花茎が低いので危うく見過ごすところであった。

→
雲南省北部で撮影。肉厚の葉の質感が見て取れるが、葉の形にも変化があることがわかる。

メコノプシス・ムスキコーラ

Meconopsis muscicola Tosh. Yoshida, H. Sun & Boufford

　2008年7月1日に中国・雲南省・老君山で筆者らが初めて発見した。自生地の環境がほかの青いケシと大きく違い、葉や花の形態も近縁種と異なる。最初に見たときから、明らかに新種と確信した。その後、吉田外司夫が2009年7月10日に同地で採集した標本により、2012年ムスキコーラとして新種記載した。現在知られている自生地は老君山だけで自生地の保護が望まれる。

　標高約4,000mのモミ林に生育し、わずかに流れる沢沿いのコケの中に根を下ろす。ほかの青いケシでは見られない自生地の環境である。花茎は高さ15–35cmでやや細い刺に覆われ、葉は多く根際から出て長い葉柄をもち、浅くまたはやや深く切れ込む。花の直径は3–4.5cmと近縁種と比べ著しく小さく、紫の花弁はほとんどの場合4枚。

雲南省北部の老君山で撮影。通常見かける青いケシの自生地とはまったく異なる環境に生えていることに驚いた。

→
雲南省北部の老君山で撮影。針葉樹林中の細い沢の脇に生えるコケに根を下ろしていた。一目で新種であることを確信させた。

58 メコノプシス・ヴェヌスタ

Meconopsis venusta Prain

　中国・雲南省麗江の北から、香格里拉(シャングリラ)（旧中旬(ちゅうでん)）の東部における石灰岩質の標高3,500m以上の岩礫地帯に分布する。花茎の高さは花期には15–30cmで、花後はさらに伸びる。10以上の葉はすべて根際から生え、長い葉柄をもち、葉身はかなり肉厚で通常3裂となり、一見スペード型であるが頂裂片は丸い。花の直径は3–6cm、花弁は4枚、淡い青から淡い紫まで変化がある。葯は橙黄色で、花後の果実は長く伸びるのが本種の特徴となる。

　本種の現在知られている自生地は雲南省のごく一部に限られ、石灰岩の急な岩礫地に太く長い根をはって生育する。筆者が訪れた自生地は高度も高く、非常に崩れやすい大小の石灰岩の礫地で、すぐ足元が崩れて流され、歩行が困難な斜面で、麓から登ると相当時間がかかる。この青いケシは非常な希少種のため、観察した人間もわずかという種類だ。

雲南省麗江北部に位置する石灰岩質の山に自生。花弁の色は青から淡いピンクで美しい。

→
麗江北部の石灰岩質の山の、上部岩礫地帯で撮影。流れやすい急傾斜地に長い根を張って自生する。

59 メコノプシス・プセウドヴェヌスタ

Meconopsis pseudovenusta G. Taylor

　中国・雲南省北西部と四川省南西部の固有種。標高3,600–4,300mの、高山草地や岩礫地に自生する。花期は花茎が高さ10–15cmで、その後さらに伸びるが、近似種のヴェヌスタほどには成長しない。葉はすべて根際に生え、長い葉柄をもち、羽状に深く裂ける。葉の先端は円形から鋭角で変化が多い。また、葉の周囲はかすかに茶色を帯びる。花は直径4–6cmで4–8枚の花弁は深い紫色。花茎には下向きの花を1個つける。葯は橙黄色または黒褐色を呈する。果実はヴェヌスタのように、細く長く伸びることはない。

　筆者が訪れた香格里拉の自生地は、かなり狭い面積に数種の青いケシの仲間が自生していて興味深い場所であるが、それだけに観光客や採集者による環境破壊や人為的な影響が心配される。

雲南省・香格里拉の西で撮影。石灰岩の岩峰周辺には、何種かの青いケシや、貴重なフリティラリア（クロユリの仲間）が咲いていた。

→
石灰岩の礫地は急な斜面になっていて歩きにくく、標高も4,100ｍなので、息がすぐ切れ撮影に難渋する。

60a メコノプシス・ヘンリッキー・ヘンリッキー

Meconopsis henrici Bureau & Franch. var. *henrici*

　中国・四川省西部の康定（昔は打箭爐^{ターチェンルー}と呼ばれていた）がヘンリッキーのタイプロカリティである。康定の西の折多山の峠を中心に分布するが、分布域は狭いようだ。自生地の折多山から西は、青蔵高原に続くステップ草原となり、急激に乾燥してくる。自生地は標高4,300m前後の高山草原で、個体数は決して少なくない。花茎は花期には35cmほどで、花後はさらに伸びる。葉はすべて根際に生じ、葉身はへら型、全縁で鋸歯はない。1茎1花で花の直径は5–6cm、花茎に比して大きく、紫色の花弁はよく目立つ。また雄しべの花糸は下半分が広がる。

　グレイ・ウィルソンは、四川省の成都北部の黄龍産の紫のタイプもヘンリッキーに含めていた。ところが彼は2014年のモノグラフで、黄龍産のヘンリッキーを、メコノプシス・プシロノンマ*Meconopsis psilonomma*に変更したのにはちょっと驚いた。もともと四川省を中心に自生する、刺の少ない紫の花弁の青いケシは、分類上どのように扱うか困惑していた。それほどこの地域の紫の青いケシは似ている。

折多山で撮影。この場所は年により、開花株の多寡の差が大きい。

折多山で撮影。本種はほとんど成長しない株でも花茎が伸びないまま花をつける株がある。

ひとつの株からたくさんの花
茎を立ち上げている。頂花
の終わった後も多くの花をつ
けていた。折多山で。

60b メコノプシス・ヘンリッキー・ラケミフローラ

Meconopsis henrici Bureau & Franch. var. *racemiflora* H. Ohba

ヘンリッキーの変種、ラケミフローラは四川省西部、四姑娘山山麓<small>（スーグーニャンシャン）</small>の巴朗山周辺に自生するが、折多山の基変種に比べて花がさらに大きく、1茎にいくつかの花をつける。葉は全縁で比較的大きく成長することがある。クリーム色の葯の中心は青色を帯びるのが大きな特徴で、ずいぶん多くの花を調べたが、いずれも同様であった。この特徴は紫の花弁をもつほかの青いケシにはない。また、巴朗山の尾根続きの大姑娘山上部には、花が少し小さく、花弁がかなり平開する個体群が自生する。葯の色もクリーム色ではなく橙色で、さらに中心部が青色にならない特徴をもつ。巴朗山と大姑娘山はほとんど連続しているので、この違いは不思議である。

四川省西部から雲南省の一部にかけて、刺のほとんどない紫色の花弁をもつ青いケシは非常に変化が多く、分類の再検討が今行われている最中で、今後の研究の結果、その帰属が変わる可能性が高い。なお、巴朗山は日本から青いケシ観察ツアーが多く企画されている地域で、多分日本人が一番この青いケシを見ていると思われる。

巴朗山で撮影。巴朗山の峠（標高4,600ｍ）の上部は本種が多く、ほかの青いケシも数種自生して素晴らしい場所だが、昔は崩れやすい山道だった。

狭金山で撮影。ここは中国共産党の歴史に残る有名な峠だが、しばらくの間、道路整備がされていないため、通行できなかった。

大姑娘山上部で撮影した変種ラケミフローラに似た青いケシ。

61a メコノプシス・プシロノンマ・プシロノンマ

Meconopsis psilonomma Farrer var. *psilonomma*

　黄龍に分布する紫のケシは、前種のヘンリッキーとして分類されてきたが、グレイ・ウィルソン（2014）によりプシロノンマに変更された。これは、もともとプシロノンマはヘンリッキーの変種扱いだったものを、グレイ・ウィルソンが研究の結果、別種として昇格させたものである。両種とも、雄しべの花糸は膨らむ部分があり、酷似している。したがって両種は極めて似ているので当初から混乱があったものと思える。

　本種は中国・四川省の有名な観光地、黄龍へ行く標高約4,000mの峠周辺に多く自生する。年によって開花株に多寡の変化が大きいが、決して稀ではない。花茎の高さは花期25cmほどで、6–9枚の全縁の葉はすべて根際から出るが、葉の大きさはヘンリッキーに比べ小さいようだ。花は1茎1花で、花弁は6–8枚、濃い紫。花の直径は8–11cmと大きく、花糸は下半分が広がる。前種ヘンリッキーによく似るが、本種のほうが花は明らかに大きい。

四川省黄龍で撮影。この年は個体数が少なく、降雪の多寡の影響か。

→
黄龍で撮影。葉があまり伸びないのがわかる。葉に比例して、花が大きいことも明らかだ。

61b メコノプシス・プシロノンマ・シノマクラータ

Meconopsis psilonomma Farrer var. *sinomaculata* (Grey-Wilson) H. Ohba

　変種のシノマクラータは、2000年の英国アルパインガーデンソサエティの植物調査隊により発見され、2002年にグレイ・ウィルソンにより、新種メコノプシス・シノマクラータ Meconopsis sinomaculata として記載された。自生地は四川省の有名な観光地、九寨溝から黄龍に行く途中の貢嘎嶺（ゴンガーリン Gonggaling）の峠（3,400－3,600m）で、この場所は基変種のプシロノンマの自生地、黄龍から直線距離でわずか35kmしか離れていない。本種の大きな特徴は、花弁の基部に暗紫色の蜜標（ブロッチ）があることである。この特徴は、同じケシ科のヒナゲシ属（*Papaver*）が同じように黒いブロッチをもつことから、2つの属をつなぐミッシングリングとされ、発表当初はセンセーショナルな話題であった。また花は半開までもゆかず、ほとんど開かない形態も特異だ。花弁の色は淡い紫である。その後、本種は、分類上の変更が提唱され、プシロノンマの変種として扱われるようになった。

　写真の変種シノマクラータは、ゴンガーリンの南西、直線距離38km離れた場所で撮影した。多分周囲の狭い範囲内で、島のようにぽつぽつと小さな群落を作っていると想像される。

→
通常の状態は、このようにほとんど花が開かない。ここではかなり多くの数が咲いていて、赤いプニケアも周囲を飾っていた。

紅原に近いステップ草原の一角に本種の群落があった。この写真は少し無理をして花を開かせ、ブロッチが見えるように撮影。

63 メコノプシス・デラヴァイ

Meconopsis delavayi (Franch.) Franch. ex Prain

　中国・雲南省の麗江北部周辺の狭い範囲に分布する。自生地は、標高3,300–4,300mの石灰岩質の草地や礫地で、疎林のやや湿性の草地にも自生する。花茎の高さは10–30cmで、すべて根生葉で全縁。1茎に1花で花の直径は4–6cm、花弁は普通4–5枚、深い紫色であまり色彩に変化の幅はない。雄しべは濃い橙色。

　自生地の中心は雲南省の玉龍雪山で、イギリスのRHS（英国王立園芸協会）の機関誌 "The Garden" にこの場所で撮影された本種が載っていたことがある。今は大規模な山崩れのため、ほとんど崩壊して立ち入り禁止となった狭い渓谷でようやく探し当てた本種に感激したものである。植物全体に鋭い刺もなく、それまでに見た青いケシはどれも刺に覆われていたので奇妙な印象であった。

玉龍雪山山麓で撮影。この年は個体数が多く、かなり多くの開花株を見た。

→
玉龍雪山で撮影。氷河のモレーン周辺の疎林に咲くデラヴァイ。

メコノプシス・ランキフォリア
Meconopsis lancifolia (Franch.) Franch. ex Prain

　中国西部（四川省西部、雲南省北西部、チベット南東部、甘粛省南西部）などの標高3,400–4,600mの比較的高地に分布する。いくつかの亜種に分けられているが、最近あらためて研究が進み、分類が見直されてきている。分布地ではかなり個体数が多く、個体の変異も多い。グレイ・ウィルソンは本種を3亜種に分類しているが、今後の研究が進めば独立種となることも予想される。

　変化の度合いが微妙で、現在もっとも注目されるグループである。葉はすべて根生葉で、全縁、1茎にいくつかの花をつける。花茎の高さは花期35–40cm。花の直径は3–8cm、4–8枚の濃い青色から深い紫の花弁をつける。花は横向きからうつむき加減に咲くが、条件次第で上向きに咲くこともある。

雲南省の省境に近い四川省の標高4,520mの峠で撮影。ほかの花に比べ極端に花の直径が大きかった

→
四川省と雲南省の省境、大雪山埡口　標高4,165mで撮影。

66 メコノプシス・フォレスティイ
Meconopsis forrestii Prain

　分布は中国雲南省北西部及び隣接の四川省の一部と、非常に局地的のようだ。自生地は標高3,000−4,400mほどの高山草原に多い。花茎の高さは50cmほどで、花後はさらに伸びる。10個ほどの葉はすべて根生葉で全縁、長さは15cmまで伸びる。花は1茎に4−8個つくが、通常3−4個のことが多い。花は直径3−5cm、淡青色で、花弁の数は4−5枚。本種のもっとも特徴的な点はその果実で、ほとんど無毛の長い円筒形となり、他種と区別できる。

　筆者が訪れた観察地は、低い匍匐性のシャクナゲ林の中で、ヤクなどの家畜に食害されないようにシャクナゲのブッシュに守られて残っている状態であった。分布地が局地的でこのような自生地では、現在、ほとんど絶滅に瀕していると言ってよいと思われる。

雲南省麗江北部で撮影。ほとんど絶滅に瀕している貴重な青いケシ。

→
花茎にはあまり花がつかない。撮影地はかろうじて自生している貴重な場所だった。

🔢 メコノプシス・プリムリナ

Meconopsis primulina Prain

　ブータン北西部および隣接した中国・チベットの一部に分布し、かなり限定的。標高3,200–4,600mの草地に多く生える。葉はすべて根生葉で全縁だが、稀に穏やかに湾曲する。葉や茎には細い柔らかな毛がまばらに生える。花は通常1茎に1花だが5個までつくことがある。花茎の高さは30cmほどで分岐しない。花の直径は3.5–5.0cm、花弁の色は青から紫で若干変化するが、あまり変化の幅はない。花弁は5個のことが多いが8個になることがある。ブータン西部のチョモラーリトレッキングルートでは標高4,000mを越えたあたりから急に多く見かけるようになる。トレッキングルート周辺や矮性のシャクナゲの下や、草付きの斜面で普通に見ることができる。岩礫地にも自生するが、筆者の観察した限りでは高山草原の方が圧倒的に多い。あまり目立たないが穏やかな花姿である。本種の分布地域では個体数は多いが、その他の場所ではかなり限られる。次種のポリゴノイデスは本種と同様の分布域であり、自生環境も似ているので、混同されていたこともあるのではないか。

→
ブータン・チョモラーリトレッキングルートのジャンゴタン周辺で。

ブータン・チョモラーリトレッキングルートのジャンゴタン周辺で。

🔢 メコノプシス・ポリゴノイデス
Meconopsis polygonoides (Prain) Prain

　分布はブータン北西部及びチベット南部のチュンビ渓谷で、前種プリムリナとほとんど同じ分布を示す。標高3,500–4,100mの灌木や湿性のブッシュの中など、他の植物に交じって生えるので発見されにくい。花茎は高さ15–40cmで、葉は通常4枚が花茎につく。花の直径は3–4cmで花弁は4–6枚だが、4枚が普通である。花弁は淡い青色で花も小さいうえに、ほかの植物に交じって咲くので、他の青いケシの仲間とはかなり異なった環境である。ほとんど無毛の果実は細く長い。

　筆者が初めて本種を観察した時は、ブータン西部のチョモラーリトレッキングルートのジャンゴタン付近で、ルート上の脇の下草に青いものが見えたので草をかき分け本種を発見した。かなり華奢な花茎で、周囲の草にもたれかかるような感じで成長するように見えた。これが青いケシとは信じられなかった。帰国して大場秀章博士に写真を見せて確認したほどである。

　なお、グレイ・ウィルソン（2014）に本種が果実とともに写っている写真は、筆者の写真である。同じチョモラーリトレッキングルートのトンブラ（標高4,130m）で撮影した。

ジャンゴタン周辺で撮影。柱頭の形状が特異である。

→
トンブラで撮影。果実の形状がわかる。何かの誤りでグレイ・ウィルソン（2014）では筆者の写真の撮影者名が誤記されている。

77 メコノプシス・ルドローウィ
Meconopsis ludlowii Grey-Wilson

　ブータン最東部から、隣接したインドのアルナチャル・プラディッシュ州西部に分布する。花茎の高さ18cmの小型種で、崖の側面の角や、草付きの斜面などに生える。葉はすべて根生で、不規則に羽状に切り込む。花の直径2–3.5cm、花弁は4–5枚の明るい青から紫で、基部は暗紫色になる。本種はブータンではコンキンナとして誤認されていたが、グレイ・ウィルソン（2014）により新種記載された。

　写真の個体は切り立った谷の上部に生えていた。カメラと花の距離が近すぎて、背中を押さえてもらい、少し反り返って恐る恐る撮影したときの状況を思い出す。原記載にも崖の角に生育すると特記されている通りである。種名はイギリスの植物探検家、ルドローに因む。なお、ルドローは同じイギリスのシェリフと共に行動することが多く、数々の植物学上の発見をしている。

アルナチャル・プラディッシュのブータン国境近くで撮影。狭い岩の間から花を出していた。

→
アルナチャル・プラディッシュのブータン国境近くで撮影。道路際の崖の角に咲いていて、足元が崩れたら、断崖から墜死するような場所に咲いていた。

78 メコノプシス・シヌアータ

Meconopsis sinuata Prain

　ネパール中部から東へブータン、チベット、インドのアルナチャル・プラディッシュ西部にかけて分布。パニクラータ、シンプリキフォリアなどの大型種は別として、小型種でホリデュラを除いたら本種のようにネパール、シッキム、ブータン、チベット、インド東部に広く分布する青いケシはごくわずかだ。標高3,300–4,500mの湿性の矮性シャクナゲ林の林縁、岩がちの斜面の草地、半日陰の場所に自生する。花茎は高さ15–80cmと、大きく変化する、長い葉は斜上して伸び、表面がやや波打ち、茶色の剛毛が生え、縁は羽状に切れ込むか浅い鈍鋸歯となる。花は通常1個か2個が開き、同時に多くの花は開花しない。花の直径は3.5–7cmで、浅い青色からほとんど白色まで変化がある。果実は細長く伸び、茶色の刺がある。

インド国境に近いブータンで撮影。群落を作らず、あまり個体数は多くはないようだ。

果実には長い茶色の刺が目立つ。

インドのアルナチャル・プラ
ディッシュ西部で撮影。葉の
切れ込みには変化がある。

79 メコノプシス・ベラ・スブインテグリフォリア

Meconopsis bella Prain subsp. *subintegrifolia* Grey-Wilson

　ネパール中部からインド北西部及び隣接する中国・チベット南部にかけて、前種シヌアータとほぼ同じ地域に分布する。自生地の標高は3,700−4,700mで、シヌアータより標高の高い地域に自生する。

　2014年、グレイ・ウィルソンにより新しく2亜種が記載され、ブータン西部からインドのアルナチャル・プラディッシュに分布するものがスブインテグリフォリアとされる。葉はすべて根生葉で長い柄をもち、全縁で無毛。空色の花弁は普通4個、花の直径は4−8cm。場所によりピンクの花も見受けられる。

　岩場の細い割れ目に根を下ろし咲くさまは、いかにも可憐で人気が高い。少し淡い繊細な青色もまたファンが多い理由だ。

→

ブータン中北部で撮影。巨大な岩石に挟まれたわずかなスペースに咲いていた。

ブータン中北部で撮影。この地域は淡いピンク色の混じる個体が多い。

インドのアルナチャル・プラディッシュ西部で撮影。葉柄が長いのがよくわかる。

🔟 メコノプシス・エロンガータ

Meconopsis elongata Toshi. Yoshida, R. Yangzom & D.G. Long

　ブータン西部のハ地区及びその周辺に分布し、標高 3,750–4,300m の岩礫地、森林限界近くの林縁に自生する。花茎は高さ 35–80cm、葉は根際に多いが茎の上部にもつく。花は 9–20 個つくが上の花から順次下方に開花する。花は直径は 4–5.5cm、淡い青から紫で、淡いピンク色になることもある。本種のもっとも特徴的なポイントは、雄しべの花糸と葯が、細い白みを帯びた糸のような繊維でつながっていることである。この特徴は開花期に外部から明らかに観察できる。

　本種にもっとも近縁なのはラケモサやホリデュラだが、ブータン西部の標高が比較的低い地域に、ラケモサに似ているが、いずれに分類されるか不明だった種があった。それが 2016 年に新種エロンガータとして記載された。

ブータン西部のハ地区へ行く峠道、チェレイ・ラで撮影。

→
ブータン西部のハ地区へ行く峠道、チェレイ・ラで撮影。この場所では本種が少なくなってしまった。

パラメコノプシス・カンブリカ

Parameconopsis cambrica (L.) Grey-Wilson

　花茎は約40–60cmで、湿性の草原や沢沿いの草原に自生する。自生地の標高は500–800m。葉は明るい緑色で、小葉は中裂し、1茎に1花。花の直径は5–6cmで、花弁の黄色はあまり濃淡に変化がない。

　筆者が観察したのはピレネー山脈の中腹の、いずれも沢沿いの草原で、ほかの花と混ざって咲いていた。本種はイギリスの一部やフランスやスペイン国境のピレネー山脈、スペイン北部に分布し、これまで青いケシの仲間 *Meconopsis cambrica* とされてきた。ただ、かねてから分布地がほかの青いケシと大きく離れていること、形態的にも他の青いケシとの共通点が少ないことから、帰属の問題が付きまとっていた。グレイ・ウィルソン（2014）で、本種を *Meconopsis* から外し、新たに *Parameconopsis* を創設して、本種をこの新しい属に含めた。ヒマラヤや中国の青いケシの自生地を見ていた目には、これが青いケシの仲間とは思えない環境で、標高も低く、高山植物でもないこの花が、青いケシの仲間とされていたのは奇異な感じをもっていた。

フランス・ピレネー山脈で。やや湿性の草原に自生。

→
スペイン・ピレネー山脈の谷間で撮影。

索引

参考文献

C. Grey-Wilson：The Genus Meconopsis Blue Poppies and their relatives. 2014
C. Grey-Wilson：Poppies The Poppy family in the Wild and in Cultivation
(Revised Edition). 2000
George Taylor：An Account of the Genus Meconopsis. 1934
Edited by Kenneth Cox：Frank Kingdon Ward's Riddle of The Tsangpo Gorges. 2001
Harold R. Fletcher：A Quest of Flowers, the Plant Exploration of Frank Ludlow and George
Sherriff. 1975
大場秀章：ヒマラヤの青いケシ. 2006
冨山稔：世界のワイルドフラワーⅡ. 2004

著者

冨山 稔（とみやま・みのる）

植物写真家。1944年静岡県生まれ。幼いころから自然に興味をも
ち、ネイチャリングツアー専門の新和ツーリスト㈱や、アルパインツ
アーサービス㈱で約30年間にわたり世界の野生の花を見るツアーを
企画し、講師として55カ国を回る。みねはな会、英国アルパインガ
ーデンソサエティなどの会員。著書に『原種の花たち① チューリッ
プ』『世界の山草・野草（共著）』『花たちのふるさと』『世界のワイ
ルドフラワーⅠ、Ⅱ』『ヒマラヤの青いケシ（共著）』などがある。

原種の花たち②

青いケシ メコノプシス
BLUE POPPIES — MECONOPSIS IN THE WILD

2020年3月13日 第1刷発行

著者　　　冨山 稔
デザイン　川路 あずさ
発行所　　株式会社 文一総合出版
　　　　　〒162-0812 東京都新宿区西五軒町2-5 川上ビル
編集部　　tel.03-3235-7342
営業部　　tel.03-3235-7341　fax.03-3269-1402
発行人　　斉藤 博
印　刷　　奥村印刷株式会社

ISBN978-4-8299-7230-4
NDC：627　128ページ　四六判（128 mm×188 mm）
Printed in Japan
©Minoru Tomiyama 2020